„Ich habe nichts gemacht. Die Muse fickt mich einfach nicht.", Huub Langkaster.

Mark Lorenz

Captain Falafel Technik

Der Burning low latitude Shadow Intradimensional Drive

Band1

Bibliografische Information der Deutschen Nationalbibliothek: Die Deutsche Nationalbibliothek verzeichnet diese Publikation in der Deutschen Nationalbibliografie; detaillierte bibliografische Daten sind im Internet über dnb.dnb.de abrufbar.

© 2018 Mark Lorenz
Herstellung und Verlag:
BoD – Books on Demand, Norderstedt

ISBN: 978-3-75-281330-2

Vorwort

Das Buch beschreibt die physikalischen Grundlagen und Funktionsweisen des *Burning low latitude Shadow Intradimensional Drives*. Es ist geeignet für Ingenieur- und Physikstudenten ab dem 3. Semester. Grundlagen der allgemeinen Relativitätstheorie und Quantenphysik werden vorausgesetzt.

Die derzeitige Auflage 1 beinhaltet einige Vektorgrafiken und die Skizze eines Standardantriebes, welcher z.B. in einem *Amazon Speeddeliverer* zu finden ist.

Inhalt

Theoretische physikalische Grundlagen..........1

Sprung eines Quantenobjektes zwischen den Dimensionsräumen..........7

Sprung eines relativistischen Objektes zwischen den Dimensionsräumen..........21

Der Antrieb..........32

Zusammenfassung Antrieb..........39

Vereinfachte Funktionsweise..........40

Theoretische physikalische Grundlagen

Es existiert neben den 3 Raumdimensionen eine weitere Raumdimension. Diese 4te Raumdimension ist im Gegensatz zu den anderen 3 Raumdimensionen aber nicht stetig, sondern besteht aus diskreten 3-dimensionalen Räumen, die voneinander durch Potentialbarrieren getrennt sind. Um sich dies besser vorstellen zu können, wurden in Abbildung 1 die Raumdimensionen vereinfacht als räumlich getrennte 2-dimensionale Ebenen dargestellt. Hierbei existiert eine sogenannte Superraumdimension. Diese scheint den anderen sog. Schattendimensionen deterministisch übergeordnet zu sein. So projizieren die Objekte in der Superdimension, also die Superobjekte, eine Art von Schatten (Schattenobjekt) in die anderen Dimensionsräume (siehe Vektor Abbildung 1.). Diese Schattenobjekte haben die gleichen physikalischen Eigenschaften wie die Superobjekte und sind mit diesen quantenmechanisch verschränkt.

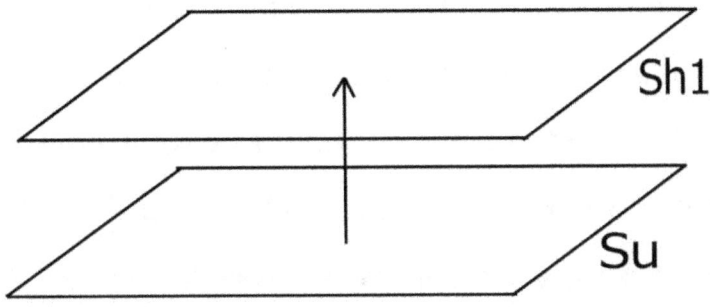

1. Abbildung: Dimensionsebenen und Projektion des Schattenobjekts durch das Superobjekt in Su

Um die Potentialbarrieren zwischen den Dimensionen zu überwinden, also von einer zur nächsten Dimension springen zu können, muss das relativistische Energiedelta einer Masse im Vergleich zur selbigen sehr groß sein. Dies ist nötig, da das Energiedelta der Potentialbarriere ausschließlich über kinetische Energie überwunden werden kann. Die theoretische Energie der relativistischen Ruhemasse ist dabei kleiner-gleich der relativistischen kinetischen Energie, da diese Ruhemasse wie ein Anker das relativistische Objekt in seinem jeweiligen Dimensionsraum festhält. Außerdem muss die Ruhemasse größer als die bewegte Masse sein, da bei einem Ansteigen der Ruhemasse durch

Bewegung, die Energie und somit der Anker größer wird. Dies ist jedoch auf Basis der speziellen Relativitätstheorie für positive Massen unmöglich:

1. $E(v) = E_0 + E_{kin} \quad \rightarrow \quad E_{kin} - E_0 = E(v) - 2E_0$

2. $E_{kin} \geq E_0 \quad \rightarrow \quad E_{kin} - E_0 \geq 0$

3. $m(v) < m_0 \quad \rightarrow \quad m_0 - m(v) > 0$

4. $E(v) = m(v) \cdot c^2$ **und** $E_0 = m_0 \cdot c^2$

5. 2. in 1. $E(v) - 2E_0 \geq 0$

6. 4. in 5. $m(v) \cdot c^2 - 2m_0 \cdot c^2 \geq 0 \quad \rightarrow \quad m(v) \geq 2m_0$

7. $m_0 > m(v) = m(v) \geq 2m_0 \quad \rightarrow \quad m_0 > 2m_0$ **mit** $m_0 > 0 \quad \rightarrow$ **nicht möglich**

Somit erscheint es unmöglich, dass relativistische Objekte die Dimensionsräume wechseln können.

Sprung eines Quantenbjektes zwischen den Dimensionsräumen

Anders sieht dies für Quantenobjekte aus. Da diese durch den Tunneleffekt Potentialbarrieren durchdringen können, wird keine oder weniger kinetische Energie benötigt, um die Potentialbarrieren zwischen den jeweiligen Dimensionsräumen zu überwinden.

Ein in der Natur auftretender Sprung eines Quntenobjekts von einem Dimensionsraum in einen anderen ist der Elektronische Übergang bzw. Quantensprung. Hierbei springt das Quantenobjekt, angeregt z.B. durch ein Lichtquant, instantan von einem Energieniveau auf ein anderes und ändert dabei nicht nur sein potentielle Energie, sondern auch seine räumliche Position, die nur statistisch ermittelt werden kann. Vereinfacht kann als Beispiel, auf Basis des Bohrschen Atommodells, gesagt werden, dass ein Elektron von einer auf die andere Schale springt. Hierbei kann ein Lichtquant seine Energie E_L , definiert durch seine Wellenlänge, an das Elektron abgeben. Dieses springt dann auf eine höhere Schale 2. Hierbei ist das Energiedelta ΔE_1 zwischen den beiden Schalen gleich der vom Lichtquant abgegebenen Energie. Da das Quantenobjekt jetzt auf einem höheren Energieniveau ist und dies auf Basis des 2. Hauptsatzes der Thermodynamik kein stabiler Zustand ist, springt das Objekt unter Abgabe eines Lichtquants wieder auf ein niedrigeres Niveau zurück. Dies geschieht schneller, wenn das Quantenobjekt durch ein weiteres Lichtquant mit der Energie ΔE_2 angeregt wird. Es wird also ein Lichtquant mit der Energie ΔE_2 in das System geschickt und bekommt 2 Lichtquanten mit jeweils der Energie ΔE_2 heraus. Hierbei ist die Energie ΔE_2 wieder gleich der Energiedifferenz zwischen den beiden Schalen.

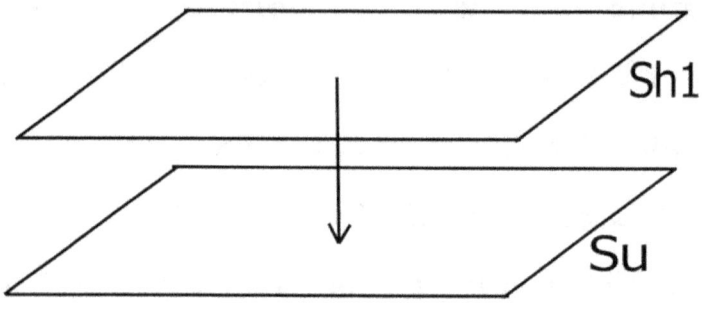

2. Abbildung: Bestimmung Schattenobjekt durch Projektion des Superobjekts in Sh1

Das ist, was wir in unserer Dimension indirekt beobachten können. Wird dieses Modell auf Basis der 3,5-Dimensions-Theorie erweitert, bekommt das Quantenobjekt über das Lichtquant zusätzliche kinetische Energie. Diese Energie ist kleiner als die Potentialbarriere zwischen den Dimensionsräumen in Bezug auf den Anker, erzeugt durch die Ruhemasse m_0 . Durch den Tunneleffekt kann es jedoch die Potentialbarriere überwinden und springt in einen benachbarten Dimensionsraum. Hier ersetzt dieses Superquantenobjekt sein verschränktes Schattenobjekt, welches dann wiederum jetzt in die Superdimension projiziert wird. Das Schattenobjekt ist dann also immer noch die

Projektion des Superobjekts, welches sich nun in der Schattendimension aufhält. Da die Projektion jetzt in die andere Richtung abläuft, ist die räumliche Position des Schattenobjekts nicht mehr eindeutig, was die statistische Verteilung der Quantenobjekte in der Superdimension bestimmt. Dies liegt an der Krümmung der jeweiligen Dimensionsräume, die wiederum relativistisch zu erklären sind. Ist es also möglich die Krümmung des Raumes in der Schattendimension zu bestimmen und wie sich diese Dimension zu der Superdimension befindet, ist es möglich den Ort des Schattenquantenobjekts in der Superdimension zu bestimmen. In Abbildung 2 ist dies vereinfacht dargestellt.

Wenn man Mithilfe eines Superobjektes in der Schattendimension eine Krümmung erzeugt, kann somit den Ort des Schattenobjektes in der Superdimension verändert werden (siehe Abbildung 3).

Durch den Anker der durch die Ruhemasse m_0 erzeugt wurde, springt das Superquantenobjekt wieder zurück in die Superdimension. Dabei trifft es auf die Potentialbarriere, welche dem Superquantenobjekt ein Lichtquant entreißt, welches wiederum dann in der Superdimension sichtbar ist. Dies kann als

Bremsstrahlung bezeichnet werden. Das Superquantenobjekt befindet sich an dem gleichen räumlichen Ort wie das Schattenobjekt zuvor, welches jetzt wieder in die Schattendimension projiziert wird. Da das Superobjekt aber zu wenig Energie besitzt um auf dem Energieniveau zu bleiben, bewegt es sich *„nicht-instantan"* auf ein niedrigeres Energieniveau zurück. Dadurch können die Quantenobjekte auf metastabile Schalen bzw. Energieniveaus auftreffen, die mit Hilfe eines weiteren Lichtquants 1, welches die Energie ΔE_3 besitzt, also die Energiedifferenz der metastabilen Schale 3 und der Ursprungs-schale 1. Hierbei regt das Lichtquant 1 wieder das Quantenobjekt an, sodass sich der

Wechsel zwischen Superquanten- Und Schattenquantenobjekt wiederholt. Dieses Mal tunnelt sich das Quantenobjekt jedoch nicht durch die Potentialbarriere. Da es sich auf einem höheren Energieniveau befindet, ist seine reale kinetische Energie $E_{kinreal}$ größer als die kinetische Energie, die es haben dürfte (E_{kin}). Um die Hauptsätze der Thermodynamik nicht zu verletzen, muss die reale Ruheenergie E_{0real} sich verkleinern. Dies geschieht indem die Ruhemasse m_{0real} sich verkleinert oder sogar negativ wird:

1. $E(v) = E_0 + E_{kin} = E_{0real} + E_{kinreal}$ **mit** $E_{kinreal} > E_{kin} + E_0$ $\rightarrow$

$E_{0real} < 0$

2. $E_{0\,real} = m_{0\,real} \cdot c^2 < 0$ **mit** $c > 0$ **und** $c = const$ **sowie** $c \in \mathbb{R}$ → $m_{0\,real} < 0$

Dadurch kann es die Potentialbarriere überwinden. Durch das überwinden der Potentialbarriere verliert es wieder einen Lichtquant 2 (gleiche Wellenlänge wie Lichtquant 1), welches in der Superdimension messbar ist, so dass die Energie wieder ausgeglichen wird und m_0 **wieder positiv ist, so dass der Anker in der Superdimension wieder existiert. Das Superquantenobjekt ersetzt wieder das Schattenquantenobjekt und projiziert dieses wieder in die Superdimension. Der Anker zieht das Superobjekt aber wieder durch die Potentialbarriere**

zurück, wobei es einen weiteren Lichtquant 3 verliert, welches auch in der Superdimension sichtbar ist und die gleiche Wellenlänge wie das vorherige Lichtquant 1 besitzt. Wie zuvor befindet sich das Superquantenobjekt wieder am Ort des Schattenobjekts, welches nun das niedrigere Anfangsenergieniveau ist. Dieser Ablauf passiert wiederum instantan.

Sprung eines relativistischen Objektes zwischen den Dimensionsräumen

Wenn nun ein relativistisches Objekt als Summe seiner Quanten angesehen wird, erscheint es möglich, dass ein relativistisches Superobjekt in eine andere Dimensionsebene springt. Da der Sprung eines Quantenobjektes instantan geschieht, müssten diese für den Sprung eines relativistischen Objektes synchronisiert werden. Zwar ist es möglich, dass die Quanten einzeln springen, ohne dass es einen sichtbaren physikalischen Effekt auf das relativistische Superobjekt hat, da die Schattenquanten die gleichen physikalischen Eigenschaften wie die Superquantenobjekte haben, jedoch wollen wir das gesamte relativistische Objekt in der gleichen Schattendimension haben. Wenn das Superobjekt dann in der Schattendimension den Raum durch seine Masse oder einer durch Energie zusätzlich erzeugten Masse krümmt, verändert sich durch die dadurch veränderte Projektion die räumliche Position des Schattenobjekts in der Superdimension (siehe Abbildung 3).

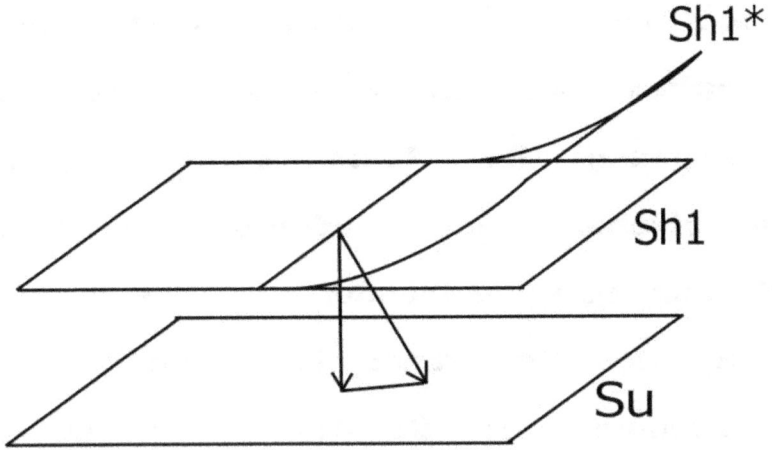

3. Abbildung: Raumkrümmung Sh1 und daraus resultierende Bewegung des Schattenobjekts in Su

Das Schattenobjekt in der Superdimension hat zwar die gleichen physikalischen Eigenschaften und es wird auch hier eine Krümmung im Raum erzeugt, jedoch verschieben sich dadurch die Raumdimesionen so zueinander, dass eine Verschiebung des Schattenobjektes erfolgt. Diese Bewegung des Schattenobjekts in der Superdimension ist dadurch scheinbar energielos und schneller als Lichtgeschwindigkeit, da die Projektion und der jeweilige Dimensionssprung instantan geschieht. Es ist jedoch nur *„quasi"* energielos, denn das Superobjekt, welches jetzt in der Schattendimension ist, projiziert wieder Schatten sowohl in die Superdimension, als auch in die Schattendimension, die sich benachbart (getrennt durch eine weitere Potentialbarriere) zu der derzeitigen Schattendimension befindet (siehe Abbildung 4), da die theoretische 4te Dimension wie zuvor beschrieben aus mehreren diskreten Dimensionsräumen besteht.

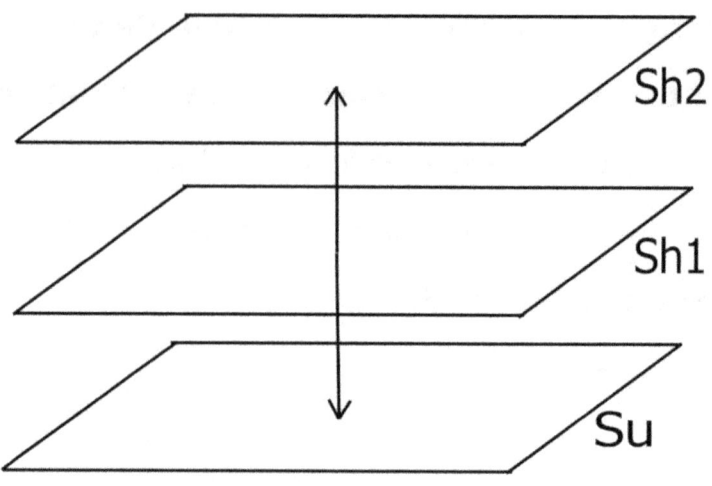

4. Abbildung: Superobjekt in Sh1 projiziert Schattenobjekte in Su und Sh2

Anders als in der Schattendimension erster Ordnung, werden in die Schattendimension höherer Ordnung jeweils nur die Schattenobjekte projiziert, die durch Superobjekte in der jeweiligen niedrigeren Ordnung erzeugt werden. Dadurch existieren in Schattendimensionen höherer Ordnung deutlich weniger Schattenobjekte als in der Schattendimension erster Ordnung, was wiederum die Energie der Potentialbarriere zwischen den zwei Schattendimensionen verringert.

Geschieht dies nur durch ein Quantenobjekt, verändert es die jeweiligen Räume nicht, da die Schwerkraft eines Quantenobjektes viel kleiner ist als die schwache und starke Kernkraft. Bei einem größeren und schweren relativistischen Objektes wird durch die erzeugte Masse die zweite, niedrigere Potentialbarriere überwunden. Einige Forscher glauben sogar, dass die Schattendimensionen höherer Ordnungen erst durch Superobjekte in der Schattendimension erster Ordnung entstehen. Dies würde jedoch aus heutiger Sicht den Hauptsätzen der Thermodynamik widersprechen und ist noch nicht abschließend geklärt. Die Objekte der Schattendimension 2ter Ordnung überwinden die Potentialbarriere hin zur Masse des Superobjekts in der Schattendimension erster Ordnung. Durch das Überwinden der Potentialbarriere, wird wiederum Bremsstrahlung freigesetzt. Hierdurch wird die komplette Masse der Schattenobjekte 2ter Ordnung, die die Potentialbarriere überwinden auf Basis der speziellen Relativitätstheorie in Energie umgewandelt. Diese Energie $E_{schatten\,2\,brems}$ entspricht dann der Bewegungsenergie $E_{schattenkin}$ des Schattenobjektes in der Superdimension. Somit ist der Energiebetrag zwischen der Superdimension und der Schattendimension erster Ordnung wieder ausgeglichen. Springt das Superobjekt wieder zurück an die Stelle des Schattenobjektes in der Superdimension, projiziert das Superobjekt das Schattenobjekt erster Ordnung wieder zurück in die Schattendimension erster Ordnung. Dabei gleichen sich auch die Raumverzerrungen durch die veränderten

Massenverhältnisse wieder aus und das Schattenobjekt springt scheinbar zu dem Schattenort, welcher durch den Superort (an dem sich das Superobjekt befindet) projiziert wird.

Da sich sowohl in der Superdimension als auch in der Schattendimension erster Ordnung nun mehr Energie befindet als zuvor, scheinen die Hauptsätze der Thermodynamik verletzt worden zu sein. Durch das Überwinden von Objekten in die jeweiligen Dimensionsräume haben wir aber bewiesen, dass die Dimensionsräume nicht geschlossen sind. Wo die Energie aus den höheren Dimensionsebenen letztendlich herkommt, ist noch nicht erforscht. Eine Hypothese besagt, dass durch den Urknall die verschiedenen Dimensionsräume entstanden sind. Wird die Energie der Schattendimensionsräume komplett in den Superdimensionsraum übertragen, hören die Schattendimensionsräume auf zu existieren und ein weiterer Urknall in der Superdimension findet statt. Die Schattendimensionen könnten auch erklären, warum weniger Antimaterie als Materie existiert. Auch ist es möglich, dass virtuelle Teilchen Schattenteilchen in der Superdimension sind, die kein verschränktes Superteilchen besitzen. Dies ist aber bisher nur Spekulation.

Der Antrieb

Die zuvor besprochenen physikalischen Eigenschaften, macht sich der *„Burning low latitude Shadow Intradimensional Drive"* zu eigen. Hierbei sendet der Antrieb Photonen mit unterschiedlichen Wellenlängen aus. Diese werden zuvor durch einen Quantencomputer berechnet und in einem Neuroprozessor gegengeprüft. Diese Photonen müssen eine ausreichend hohe Energie besitzen, um die einzelnen Quanten zu einem Quantensprung anzuregen, ohne die einzelnen Atome zu ionisieren. Hierbei müssen die richtigen Photonen-Quanten-Paare zueinander finden. Die entsendeten Photonen oszilieren dafür in der doppellagigen Hülle des

Raumschiffs, die, solange eine äußere Spannung angelegt ist, bei den zueinander liegenden Lagen, einen nahezu perfekten weißen Körper bilden. Dadurch erwärmt sich die Hülle nicht und der Prozess ist in diesem Schritt von Außen nicht sichtbar. Ein weiterer Quantencomputer, zusammen mit einem weiteren Neuroprozessor berechnet statistisch die jeweilige Position der Photonen in der doppellagigen Hülle. Dies funktioniert auch, wenn die Hülle nicht zu stark verformt ist, da die Position der Photonen auf Basis der Hüllenform berechnet werden kann. Haben die Photonen die richtige Position erreicht, wird die Spannung an der Hülle abgestellt. Hierdurch wird die Hülle teilweise durchsichtig, also durchlässig für die Photonen. Diese treffen dann in der Regel, wenn keine Berechnungsfehler vorliegen, zu rund 73,31% gleichzeitig auf ihre vorherbestimmten Quanten. Das ist jedoch eigentlich zu wenig. Wenn jetzt das Raumschiff als Superobjekt den Raum krümmt und das projizierte Schattenobjekt sich dadurch scheinbar schneller als Lichtgeschwindigkeit bewegt, beeinflussen die Schattenquanten (mit den gleichen physikalischen Eigenschaften wie die Superquanten) die zurückgebliebenen Superquanten, die dann beschleunigt werden und würden auf Basis der speziellen Relativitätstheorie eine unendlich große

Masse bekommen, wenn sie Lichtgeschwindigkeit erreichen. Interessanter Weise bekommen die zurückgebliebenen Quanten, sobald die Bewegung stattfindet und in einem teil-geschlossenen (*adiabaten*) Systems mindestens 72,97% der Superquanten in der Schattendimensions sind, eine negative Masse und springen instantan auch in die Schattendimension. Dadurch haben wir eine Differenz von rund 0,34% an Quanten, die wir dem Raumschiff hinzufügen können. Dies kann in Form von Passagieren oder Fracht geschehen. Zusätzlich sollte jedes Raumschiff mit diesem Antrieb mindestens aus 0,5% verschränkten Quanten bestehen. Durch die Verschränkung der Quanten, springen dann jeweils beide Quanten verschränkt in die Schattendimension, selbst wenn nur eines der beiden Quanten von einem Photon getroffen wird. Dadurch erhöht sich die zuladbare Kapazität des Raumschiff um 0,5*73,31%=0,36655%. Dadurch kann das Raumschiff in Summe bis zu 0,706655% an Quanten hinzu laden. Um dies mit einem weltanschaulichem Beispiel zu verdeutlichen, entsprechen 0,5% an Quanten eines Raumschiffes der kleinsten Klasse, die so einen Antrieb besitzen, etwa einem großen Meerschweinchen und einem kleinen Hund.

Die Photonen werden nach dem Sprung zurück wieder als Bremsstrahlung abgegeben und teilweise vom Raumschiff im Hauptkern des Raumschiffes recycelt. Die restliche Bremsstrahlung wird in die Umgebung abgegeben, was das Raumschiff auf unterschiedlichen Strahlungssensoren sichtbar macht. Die Superquantenobjekte, die aufgrund der negativen Masse in die Schattendimension gesprungen sind, springen minimal verzögert nachdem sich die Raumkrümmung in der Schattendimension aufgelöst hat. Durch das Auftreffen der vorherigen Superobjekte auf die Potentialbarriere, ist das Energieniveau dieser kurzzeitig verringert, sodass diese *„verzögerten"* Objekte, ohne Abgabe von Bremsstrahlung in die Superdimension zurückspringen können. Dies ist aber nur möglich, wenn der Anteil der zuvor zurück gesprungenen Quanten mindestens 72,97% beträgt. Dies wurde experimentell ermittelt. Ist der Anteil niedriger, ist die Potentialbarriere noch so stark, dass die später zurückspringenden Quanten beim Auftreffen auf die Potentialbarriere auf Basis der speziellen Relativitätstheorie komplett in Energie umgewandelt werden.

Überladet also auf keinen Fall euer Raumschiff!

Zusammenfassung Antrieb

Vereinfacht besteht der Antrieb eigentlich aus 3 Teilen. Zum einen aus dem *„Burning low latitude Shadow Intradimensional Drive"* selber, der die Photonen erzeugt, der doppellagigen Hülle und einem Energie-Masse-Converter zum Erzeugen der Masse, die die Schattendimension krümmt. Wird der Antrieb überlastet z.B. durch das hinzuführen von sehr viel Energie und der Energie-Masse-Converter schon in der Superdimension verwendet, kann dies, zumindest lokal, zu einem zerstörten Raum-Zeit-Gefüge führen. Dies ist aber nur theoretisch möglich, da es nahezu unmöglich ist so viel Energie in das System zu überführen.

Vereinfachte Funktionsweise

Das Raumschiff springt mit Hilfe dieser Komponenten in die Schattendimension und projiziert seinen Schatten in die Superdimension. Dann krümmt es die Schattendimension so, dass die Projektion sich in der Superdimension bewegt. Danach springt das Schiff wieder zurück in die Superdimension und projiziert sein Schatten wieder in die Schattendimension. Hierdurch wurde das Raumschiff dann quasi schneller als Licht bewegt.

www.ingramcontent.com/pod-product-compliance
Lightning Source LLC
Chambersburg PA
CBHW050246230526
45470CB00005B/2134